Nasir WOUYIE

SOBRECAPACIDADE E SUBACTIVIDADE PORTUÁRIA

Nasir WOUYIE

SOBRECAPACIDADE E SUBACTIVIDADE PORTUÁRIA

ScienciaScripts

Cover image: www.ingimage.com

This book is a translation from the original published under ISBN 978-620-6-72840-5.

Publisher:
Sciencia Scripts
is a trademark of
Dodo Books Indian Ocean Ltd. and OmniScriptum S.R.L publishing group

120 High Road, East Finchley, London, N2 9ED, United Kingdom
Str. Armeneasca 28/1, office 1, Chisinau MD-2012, Republic of Moldova, Europe
Managing Directors: Ieva Konstantinova, Victoria Ursu
info@omniscriptum.com

Printed at: see last page
ISBN: 978-620-8-37865-3

SOBRECAPACIDADE E SUBACTIVIDADE PORTUÁRIA

Plano pormenorizado dos trabalhos :

Introdução

- Introdução ao tema

  - Contexto do aumento das infra-estruturas portuárias mundiais.

  - Importância dos portos na economia mundial e regional.

- Objectivos do projeto

  - Analisar os desafios e as oportunidades da sobrecapacidade e da subactividade.

  - Apresentação de soluções sustentáveis para a gestão eficiente das infra-estruturas portuárias.

- Metodologia

  - Abordagem analítica com estudos de casos, números e tendências globais.

I. Contexto e importância dos portos

1. **Papel estratégico no comércio internacional**.

   - A importância dos portos na cadeia logística mundial.

   - Os portos como centros de distribuição e de transbordo.

2. **Impacto económico nas regiões circundantes**.

   - Impacto no emprego e no investimento local.

   - Benefícios económicos diretos e indirectos para as regiões.

II. Definição de conceitos

1. **Sobrecapacidade

   - Descrição: excesso de infra-estruturas portuárias em relação à procura efectiva.

- Tipos: infra-estruturas portuárias não rentáveis, zonas de armazenagem não utilizadas.

2. **Sub-atividade**

- Definição: utilização reduzida das instalações portuárias existentes.

- Causas comuns e impacto.

III. Questões

- **Como é que a sobrecapacidade e a subactividade afectam a eficiência operacional e a rentabilidade dos portos?

Parte I: Análise da sobrecapacidade portuária

Capítulo 1: Causas do excesso de capacidade

1. **Aumento do investimento em infra-estruturas**.

- Investimento público e privado.

- Corrida competitiva entre portos regionais.

2. **Crescimento do comércio e antecipação da procura**.

- Expectativas não cumpridas de aumento dos fluxos comerciais.

- Erros de previsão e falta de adaptação.

3. **Desenvolvimentos tecnológicos e modernização de equipamentos**.

- O papel das novas tecnologias na expansão portuária.

- Incoerência com as necessidades reais.

Capítulo 2: Consequências do excesso de capacidade

1. **Elevados custos de manutenção**.

- Custos fixos de manutenção das infra-estruturas não utilizadas.

- Custos de manutenção e de modernização.

2. **Diminuição da rendibilidade

- Efeitos sobre as margens de lucro e as receitas portuárias.

3. **Impacto ambiental

- Poluição causada por infra-estruturas não utilizadas.

- Congestionamento e congestionamento desnecessário nos locais dos portos.

Capítulo 3: Estudos de caso

1. **Análise dos portos com excesso de capacidade**.

- Exemplos: portos europeus, americanos, africanos e asiáticos.

2. **Comparação com portos que geriram com êxito a sua capacidade**.

- Histórias de sucesso na gestão de capacidades.

Parte II: Análise da Sub-Atividade Portuária

Capítulo 4: Causas da subactividade

1. **Alterações nas rotas comerciais**.

- Redireccionamento dos fluxos comerciais.

- Impacto de novas rotas, por exemplo, a rota do Ártico.

2. **Aumento da concorrência entre portos**.

- Âmbito da concorrência regional e internacional.

3. **Questões logísticas e de acessibilidade**.

- Constrangimentos em termos de infra-estruturas e de acesso.

Capítulo 5: Consequências da subactividade

1. **Perda de competitividade

  - Efeito de arrastamento no comércio local.

2. **Impacto no emprego local e na economia regional**.

  - Desemprego, diminuição dos investimentos locais.

3. **Risco de encerramento ou conversão**.

  - Redução da atividade portuária e reconversão das infra-estruturas.

Capítulo 6: Estudos de caso

1. **Análise dos portos que sofrem de subactividade**.

  - Desenvolvimento dos portos e das zonas portuárias isoladas.

2. **Iniciativas adoptadas para revitalizar estes portos**.

  - Projectos de revitalização e regeneração.

Parte III: Soluções e estratégias de melhoria

Capítulo 7: Otimização da infraestrutura

1. **Reconfiguração das instalações existentes**.

  - Adaptação e modularidade das infra-estruturas.

2. **Investimento direcionado para satisfazer a procura real**.

  - Afetação dos recursos em função das necessidades.

Capítulo 8: Colaboração e parcerias

1. **Sinergias entre portos regionais**.

- Cooperação e complementaridade entre portos.

2. **Parcerias público-privadas**.

- Projectos conjuntos para o desenvolvimento portuário.

Capítulo 9: Inovação tecnológica

1. **Adoção de tecnologias avançadas**.

- Digitalização e automatização das operações.

2. **Utilização de dados e análises**.

- Previsão da procura e gestão eficaz.

Capítulo 10: Políticas públicas e regulamentação

1. **Papel dos governos

- Planeamento e regulamentação do sector portuário.

2. **Incentivos fiscais

- Incentivar o investimento em portos subutilizados.

Parte IV: Perspectivas futuras

Capítulo 11: Tendências do comércio internacional

1. **Novas rotas comerciais

- Iniciativas como a iniciativa "Uma Faixa, Uma Rota".

2. **Alterações nas cadeias de abastecimento**.

- Impacto das mudanças geopolíticas.

Capítulo 12: Sustentabilidade e ambiente

1. **Integração das preocupações ambientais

- Estratégias ecológicas para as actividades portuárias.

2. **Redução da pegada de carbono**.

- Práticas sustentáveis para limitar a poluição.

Capítulo 13: Evolução tecnológica

1. **Numeração das operações portuárias**.

- Implicações da gestão digital.

2. **Automação e drones

- Robotização para uma maior eficácia.

Conclusão

1. **Resumo das questões** (em francês)

- A importância de equilibrar a sobrecapacidade e a subactividade.

2. **Apelo à ação

- Recomendações para os decisores e investidores.

Bibliografia e apêndices

- Bibliografia** : Lista das fontes utilizadas.

- Apêndices**: Gráficos, mapas e figuras.

Prefácio do livro :

Os portos são a espinha dorsal da economia global, proporcionando uma ligação crucial entre nações e continentes, ligando mercados e transportando bens essenciais. Hoje, porém, enfrentam desafios crescentes de sobrecapacidade e subactividade, causados por alterações no comércio mundial, investimentos maciços e por vezes inadequados, bem como pela concorrência e pelas flutuações da procura.

Este livro explora em profundidade as causas, consequências e soluções para a sobrecapacidade e a subactividade portuárias. Recorrendo a estudos de casos de todos os continentes, analisamos situações concretas e ilustramos como alguns portos estão a conseguir equilibrar as suas infra-estruturas, enquanto outros ainda se debatem com dificuldades de adaptação.

Este livro destina-se a profissionais, decisores e estudantes que pretendam compreender os desafios da gestão portuária contemporânea, bem como a todos os intervenientes no sector marítimo que procurem soluções inovadoras e sustentáveis.

Espera-se que este livro permita uma melhor compreensão desta dinâmica e inspire uma gestão portuária mais eficaz e resiliente para o futuro.

Dedicação

A todos os intervenientes no sector marítimo e portuário,

Esta obra é dedicada àqueles que trabalham incansavelmente nas sombras dos cais e das docas, que mantêm vivos os nossos portos, verdadeiras encruzilhadas do comércio mundial. Vós, estivadores, gestores, engenheiros, economistas e decisores, cujo empenho e competência são essenciais para o bom funcionamento das nossas infra-estruturas portuárias. Vós sois os arquitectos do comércio internacional que transcende as fronteiras e une as nações numa complexa rede de dependências e intercâmbios.

Para aqueles que, todos os dias, enfrentam os desafios do crescente excesso de capacidade e da persistente subactividade, esta dedicatória reconhece a vossa resiliência e engenho. Os vossos esforços para otimizar as operações, minimizar o impacto ambiental e revigorar os portos são a força vital de uma economia global em constante mudança.

Dedico este livro àqueles que acreditam no futuro das nossas infra-estruturas marítimas, que investem na inovação e no desenvolvimento sustentável e que trabalham em conjunto para criar soluções sustentáveis. Que a vossa paixão e determinação inspirem outros a abraçar este sector vital com o mesmo fervor.

Por último, esta dedicatória é também dirigida às gerações futuras. Que elas herdem portos que não só satisfaçam as necessidades económicas do seu tempo, mas que sejam também modelos de sustentabilidade, eficiência e inovação. Que os desafios que enfrentamos hoje sejam os trampolins para um futuro melhor, em que cada porto seja um farol de prosperidade para as suas comunidades e para o mundo em geral.

Com respeito e gratidão,

MOUNCHEROU WOUYIE Mamadou Nasir

Introdução

Apresentação do tema

Os portos desempenham um papel estratégico na economia mundial enquanto centros nevrálgicos do transporte marítimo e do comércio. No entanto, nas últimas décadas, o rápido desenvolvimento das infra-estruturas portuárias conduziu à sobrecapacidade e à subactividade de alguns portos em todo o mundo.

Contexto do crescimento da infraestrutura portuária mundial

A rápida expansão das infra-estruturas portuárias é uma resposta ao crescimento do comércio internacional e ao aumento do volume do transporte marítimo de mercadorias. Com o comércio marítimo mundial a aumentar 4% ao ano nas últimas décadas, muitos países procuraram modernizar e expandir os seus portos em antecipação a esta procura crescente. Foram realizados grandes projectos de expansão, como a ampliação do porto de Xangai**, atualmente um dos maiores do mundo, ou o porto de Los Angeles**, que viu a sua capacidade duplicar em menos de duas décadas para satisfazer as necessidades da costa oeste americana.

No entanto, esta expansão nem sempre acompanhou o ritmo de uma procura estável e equilibrada, conduzindo a situações de sobrecapacidade e de subactividade. Em alguns casos, o crescimento económico previsto não se concretizou, deixando as infra-estruturas em grande parte subutilizadas. Portos como **Busan**, na Coreia do Sul, ou **Valencia**, em Espanha, ilustram este fenómeno, onde as ambiciosas ampliações realizadas na década de 2000 excedem agora as necessidades reais em termos de fluxos de mercadorias.

Importância dos portos na economia mundial e regional

Os portos desempenham um papel central nas economias regionais e nacionais enquanto pólos de atividade económica, logística e industrial. Por exemplo, o porto de Roterdão gera cerca de 3,5% do PIB dos Países Baixos e apoia uma vasta rede de empregos nos sectores dos transportes, da logística e da movimentação de cargas. Na Ásia, **Singapura** e **Hong Kong** ilustram como os portos podem estar no centro da economia nacional, criando empregos, estimulando as exportações e atraindo investimentos estrangeiros. Em África, o porto de Djibuti tornou-se uma plataforma estratégica para o comércio intercontinental e o investimento estrangeiro, demonstrando a importância dos portos nas economias emergentes.

No entanto, a sobrecapacidade e a subactividade ameaçam estes benefícios económicos. Nos portos sobredimensionados, os custos de exploração e manutenção aumentam, enquanto as infra-estruturas subutilizadas têm dificuldade em gerar receitas suficientes. Este problema, que se situa na encruzilhada de questões económicas, logísticas e ambientais, tornou-se um grande desafio para os gestores portuários.

Objectivos do projeto

O objetivo deste livro é explorar os desafios e oportunidades associados à sobrecapacidade e subactividade no sector portuário, analisando as suas causas, consequências e possíveis soluções.

Analisar os desafios e as oportunidades do excesso de capacidade e da subactividade

O principal objetivo deste livro é compreender como a sobrecapacidade e a subactividade influenciam a eficiência operacional e a rentabilidade dos portos, identificando simultaneamente oportunidades de gestão para otimizar o seu funcionamento. Serão utilizados estudos de casos internacionais para analisar exemplos concretos, como o porto de **Taranto** em Itália, que se debate com a subactividade devido à sua fraca conetividade logística, ou o porto de **Shanghai**, que tem conseguido gerir eficazmente a elevada procura sem cair na sobrecapacidade.

Apresentação de soluções sustentáveis para a gestão eficiente das infra-estruturas portuárias

O livro propõe também soluções práticas e sustentáveis para os desafios da gestão portuária, tendo em conta as realidades económicas, sociais e ambientais. As soluções incluem a reconfiguração das infra-estruturas, a cooperação interportuária e a adoção de tecnologias avançadas para otimizar a utilização das instalações. O objetivo é apresentar estratégias que possam ser adaptadas aos contextos locais e à dinâmica económica global, tendo simultaneamente em conta as preocupações ambientais.

Metodologia

Para abordar a questão de forma abrangente, este livro adopta uma abordagem analítica baseada em estudos de casos, números e tendências globais. A metodologia inclui :

Abordagem analítica com estudos de casos, números e tendências globais

1. **Estudos de casos**: Uma análise aprofundada de portos com realidades contrastantes ilustrará a diversidade de situações, desde a sobrecapacidade nos Estados Unidos e na Europa até

aos desafios da subactividade nos portos em desenvolvimento em África e na Ásia.

2. **Dados quantitativos**: Para apoiar as análises, serão apresentadas estatísticas e indicadores sobre a capacidade e a atividade portuária. Os dados provêm de fontes fiáveis, como o Banco Mundial, a Organização de Cooperação e de Desenvolvimento Económicos (OCDE) e a CNUCED.

3. **Análise das tendências mundiais** : O livro basear-se-á num estudo das tendências do comércio mundial e dos desenvolvimentos tecnológicos que influenciam a gestão portuária. O impacto das novas rotas comerciais, como as desenvolvidas no âmbito da iniciativa "Belt and Road", será igualmente tido em conta.

Este quadro metodológico proporcionará uma análise abrangente e relevante, oferecendo aos leitores uma visão prática das questões da sobrecapacidade e subactividade portuárias.

I. Contexto e importância dos portos

No mundo globalizado de hoje, os portos desempenham um papel central no desenvolvimento económico e no comércio internacional. Desempenham um papel crucial como plataformas comerciais, centros logísticos e motores económicos para as regiões circundantes. Esta primeira parte visa explorar o papel estratégico dos portos na cadeia logística global e o seu impacto económico local e regional.

1. Papel estratégico no comércio internacional

Como centros nevrálgicos do comércio internacional, os portos desempenham um papel essencial na cadeia logística global. São os principais pontos de entrada e saída de mercadorias e asseguram a conetividade entre os continentes. A maior parte do comércio mundial - cerca de 80% em volume e mais de 70% em valor, segundo a Conferência das Nações Unidas para o Comércio e o Desenvolvimento (CNUCED) - transita por via marítima, o que sublinha a importância estratégica dos portos na economia mundial.

A importância dos portos na cadeia logística mundial

Os portos estão no centro das cadeias de abastecimento mundiais, facilitando o fluxo de mercadorias e matérias-primas entre as zonas de produção e os mercados de consumo. Por exemplo, o porto de Xangai** na China, que é o mais movimentado do mundo em termos de volume de contentores, movimentará cerca de 47 milhões de TEU (unidades equivalentes a vinte pés) em 2021. Este facto torna-o uma infraestrutura logística fundamental, permitindo a distribuição eficiente de produtos acabados, materiais e bens de consumo destinados aos mercados internacionais.

Do mesmo modo, o porto de Roterdão, o principal porto da Europa, registou um fluxo total de mercadorias superior a 469 milhões de toneladas em 2020. A sua posição estratégica e as suas infra-estruturas de alto desempenho colocam-no no centro do comércio entre a Europa e o resto do mundo, ligando diretamente os mercados europeus aos fornecedores mundiais. Este tipo de porto "hub" funciona como um centro de distribuição, onde as mercadorias podem ser agrupadas, armazenadas temporariamente e depois redistribuídas, poupando custos às empresas.

Portos como centros de distribuição e de transbordo

Alguns portos funcionam como plataformas de transbordo, onde os contentores são descarregados de um navio e recarregados noutro navio a caminho de um destino final. Portos como **Singapura** e **Colombo**, no Sri Lanka, tiram partido da sua localização estratégica para desempenhar um papel importante no redireccionamento dos fluxos comerciais internacionais. Singapura, por exemplo, movimenta quase 85% do seu tráfego de contentores por transbordo, o que o torna uma porta de entrada fundamental para o comércio intra-asiático e mundial.

Os portos de transbordo oferecem vantagens em termos de rapidez e de redução dos custos logísticos. Por exemplo, o porto de **Dubai** (Jebel Ali) é um dos maiores centros de transbordo do Médio Oriente, movimentando cerca de 14 milhões de TEU por ano. Este tipo de porto permite consolidar a carga, reduzindo assim os custos de transporte através de uma melhor otimização dos fluxos. As companhias de navegação beneficiam igualmente de uma vantagem competitiva, uma vez que estes portos facilitam a gestão dos stocks e reduzem os prazos de entrega.

2. Impacto económico nas regiões circundantes

Para além do seu papel na cadeia logística global, os portos têm um impacto direto e significativo nas economias locais e regionais. Contribuem para a criação de emprego, atraem investimento e promovem o desenvolvimento industrial e comercial nas regiões onde estão localizados.

Efeitos no emprego e no investimento local

Os portos são frequentemente os principais empregadores nas regiões costeiras onde se situam, gerando muitos empregos diretos e indirectos. O Porto de Los Angeles**, por exemplo, apoia cerca de 1,6 milhões de empregos diretos e indirectos nos Estados Unidos,

dos quais mais de 370 000 só na Califórnia. Estes empregos abrangem um vasto leque de profissões, desde a movimentação de carga à logística e à gestão administrativa, bem como aos serviços aduaneiros e de segurança.

Os portos também actuam como catalisadores do investimento. O porto de Tânger Med**, em Marrocos, é um exemplo notável. Desde a sua inauguração, atraiu grandes multinacionais como a **Renault** e a **Siemens**, que aí instalaram unidades de produção e de logística. Esta zona portuária não só reforçou o sector industrial marroquino, como também gerou mais de 80.000 empregos diretos e indirectos na região, aumentando significativamente o produto interno bruto (PIB) local.

Nos países em desenvolvimento, os portos são frequentemente motores de crescimento económico. O porto de **Mombasa** no Quénia, o maior da África Oriental, apoia as economias de vários países sem litoral da região, incluindo o Uganda e o Ruanda. A modernização das suas infra-estruturas e a ampliação dos seus terminais, financiadas em parte por investimentos estrangeiros, permitem reduzir os custos logísticos e melhorar a competitividade dos produtos africanos no mercado mundial.

Benefícios económicos diretos e indirectos para as regiões

O impacto económico dos portos vai além do emprego e do investimento direto. As infra-estruturas portuárias geram benefícios indirectos para as economias locais. Por exemplo, a presença de grandes portos pode estimular o desenvolvimento de ecossistemas industriais e logísticos à sua volta. No **Porto de Antuérpia**, na Bélgica, foi desenvolvida uma zona logística de cerca de 1 600 hectares, que atrai empresas especializadas em armazenamento, embalagem e distribuição. Em 2021, o Porto de Antuérpia movimentou cerca de 240 milhões de toneladas de mercadorias, gerando receitas significativas para a economia belga e contribuindo diretamente para o crescimento das empresas locais.

Os benefícios económicos também se fazem sentir nos sectores do imobiliário e dos serviços, que beneficiam do aumento da atividade portuária. Perto do porto de **Pointe-Noire** na República do Congo, o aumento do tráfego marítimo levou à criação de numerosas empresas locais, ajudando a diversificar a economia regional. Além disso, serviços de apoio, como oficinas de reparação e serviços de restauração, estão a florescer em torno das instalações portuárias, contribuindo para a vitalidade económica dessas zonas.

O impacto económico dos portos é simultaneamente vasto e complexo. Ao actuarem como alavancas de crescimento, os portos criam oportunidades económicas sustentáveis para as regiões que os rodeiam, reforçando simultaneamente a integração dos países na economia global. Estas infra-estruturas essenciais não só permitem a realização de trocas comerciais, como também proporcionam benefícios socioeconómicos a longo prazo para a sociedade em geral.

II. Definição de conceitos

Antes de entrar na análise das questões portuárias, é essencial definir os conceitos-chave que estruturam o atual debate sobre a gestão das infra-estruturas portuárias. As noções de "sobrecapacidade" e "subactividade" referem-se a questões comuns no sector portuário, relacionadas com a correspondência entre as instalações disponíveis e os volumes de mercadorias efetivamente movimentados. Ambos os fenómenos colocam desafios específicos aos gestores portuários, investidores e autoridades regionais. A presente secção examina as caraterísticas, tipos e impactos de cada um destes conceitos, a fim de esclarecer a sua influência na eficiência e rentabilidade dos portos.

1. Excesso de capacidade

A sobrecapacidade no sector portuário ocorre quando há um excesso de infra-estruturas em relação às necessidades reais do comércio marítimo. Por outras palavras, as instalações portuárias são subutilizadas, gerando custos elevados sem um retorno proporcional do investimento. Este fenómeno é particularmente notório nos portos que investiram fortemente em infra-estruturas antes de um declínio ou abrandamento do comércio.

Descrição: excesso de infra-estruturas portuárias em relação à procura efectiva

O excesso de capacidade traduz-se na disponibilidade de cais, terminais, zonas de armazenagem ou equipamentos de movimentação que permanecem não utilizados ou subutilizados durante uma grande parte do ano. Por exemplo, em **Espanha**, a criação de novos portos e a ampliação das infra-estruturas existentes na década de 2000 geraram um excesso de capacidade, nomeadamente nos portos de **Valência** e **Algeciras**. A partir de 2010, a procura de tráfego marítimo abrandou, deixando uma grande parte das infra-estruturas inutilizadas, o que resultou em despesas de manutenção sem retorno financeiro suficiente.

Este fenómeno de sobrecapacidade não é apenas uma questão de superfície, mas também de equipamentos e de mão de obra mobilizados sem retorno adequado. O custo anual das infra-estruturas subutilizadas é estimado em vários milhões de euros, o que sobrecarrega as finanças locais e trava os investimentos noutros sectores mais rentáveis.

Tipos: infra-estruturas portuárias não rentáveis, zonas de armazenagem não utilizadas

O excesso de capacidade pode assumir várias formas no contexto portuário:

- **Infra-estruturas não rentáveis**: Alguns portos, prevendo um crescimento contínuo do tráfego, construíram cais e terminais excedentários. Estas infra-estruturas não utilizadas, como certos terminais do porto de Roterdão, continuam a exigir custos de manutenção e de pessoal, criando um desequilíbrio económico.

- **Zonas de armazenagem não utilizadas**: Na ausência de tráfego sustentado, as zonas de armazenagem permanecem vagas, como nos portos da Malásia**, onde se registou uma expansão maciça na década de 2010. As previsões dos fluxos de contentores nem sempre se concretizaram, deixando partes das zonas de armazenagem desocupadas, gerando custos de gestão desnecessários.

Este excesso de capacidade deve-se, por vezes, a decisões de investimento baseadas em projecções de crescimento optimistas. No entanto, quando a procura estagna ou diminui, os portos vêem-se confrontados com infra-estruturas excedentárias difíceis de rentabilizar, o que resulta numa maior pressão financeira sobre as autoridades portuárias.

2. Sub-atividade

A subactividade, por outro lado, é uma situação em que a infraestrutura portuária disponível é pouco utilizada. Ao contrário da sobrecapacidade, que se refere a um excesso de capacidade física, a subactividade refere-se a um baixo nível de utilização das instalações existentes, ainda que a capacidade pareça estar ajustada às necessidades potenciais.

Definição: redução da utilização das instalações portuárias existentes

A subactividade manifesta-se por uma ocupação mínima do cais, uma baixa frequência de navios e um número reduzido de operações de movimentação. Esta situação pode ser causada por factores económicos, logísticos ou concorrenciais. Por exemplo, o porto de Lagos, na Nigéria, passa por períodos de subactividade devido ao congestionamento frequente das estradas e às ineficiências da cadeia logística local, o que desencoraja as companhias de navegação a atracar regularmente nesse porto.

Causas comuns e impacto

Há várias razões pelas quais um porto pode estar pouco ativo:

- **Factores económicos** : As recessões económicas ou as crises financeiras reduzem o volume do comércio marítimo, como se verificou durante a crise financeira de 2008, em que vários portos registaram uma forte quebra de atividade. Na altura, os portos da Grécia e de Espanha foram particularmente afectados, com uma redução significativa do tráfego de mercadorias.

- **Factores logísticos** : As infra-estruturas de transporte e uma gestão logística ineficaz podem limitar a capacidade de atração de um porto. Por exemplo, o porto de **Cotonou** no Benim perdeu quota de mercado para os seus vizinhos devido a problemas logísticos, incluindo atrasos frequentes no desalfandegamento das mercadorias.

- **Aumento da concorrência** : A proximidade geográfica de outros portos mais eficientes ou mais bem equipados pode também conduzir a uma subactividade. O porto de **Hamburgo**, embora seja um dos maiores da Alemanha, teve de fazer face a uma quebra de tráfego em favor de Roterdão, que beneficia de infra-estruturas de transporte terrestre mais modernas.

A subactividade tem um impacto económico considerável: os custos fixos de funcionamento de um porto não diminuem com o volume de atividade, o que significa que, mesmo na ausência de fluxo de mercadorias, as despesas significativas com pessoal, manutenção e segurança continuam a pesar no orçamento do porto. Além disso, as regiões circundantes também sofrem os efeitos desta subutilização das instalações, perdendo o potencial de rendimento e os benefícios indirectos associados a uma atividade portuária dinâmica.

Os conceitos de excesso de capacidade e de subactividade, embora surjam frequentemente em contextos diferentes, colocam desafios semelhantes aos gestores portuários. O excesso de capacidade conduz a custos não rentáveis, enquanto a subactividade reduz a competitividade dos portos face a rivais mais bem posicionados.

III. Questões

A questão da gestão eficiente das infra-estruturas portuárias é crucial num contexto em que a concorrência internacional e as flutuações do comércio marítimo ditam a dinâmica económica de muitas regiões.

Embora muitos portos em todo o mundo continuem a investir em capacidade adicional, a utilização subaproveitada dessas instalações, quer devido a excesso de capacidade quer a subactividade, levanta problemas operacionais e financeiros significativos. Estas duas questões podem ter um impacto importante na rentabilidade dos portos, na atratividade dos seus serviços e no seu impacto regional.

Questão-chave: Como é que a sobrecapacidade e a subactividade afectam a eficiência operacional e a rentabilidade dos portos?

Há vários aspectos fundamentais nesta questão:

- **Eficiência operacional**: Um porto em situação de sobrecapacidade ou subactividade enfrenta frequentemente desafios para assegurar uma utilização óptima dos seus recursos, nomeadamente pessoal, equipamento e infra-estruturas. A subutilização pode também conduzir a uma deterioração da qualidade dos serviços oferecidos, uma vez que os investimentos não são maximizados e os recursos ficam imobilizados.

- **Rentabilidade** : A gestão de um porto representa um custo elevado em termos de manutenção das infra-estruturas, salários, segurança e logística. Num contexto de sobrecapacidade, estes custos não são compensados pelas receitas geradas, resultando num défice de exploração. Por exemplo, portos asiáticos como o de Kaohsiung**, em Taiwan, encontram-se numa situação de reduzida rentabilidade devido ao aparecimento de concorrentes regionais que conquistam uma parte crescente do mercado.

O impacto destes fenómenos ultrapassa o quadro financeiro: um porto que não atinge o seu pleno potencial torna-se menos atraente para os investidores, as companhias de navegação e as empresas locais. Gerir a sobrecapacidade e a subactividade é, pois, um desafio estratégico para o futuro do sector portuário, que deve responder às flutuações do comércio internacional preservando a sua eficiência e viabilidade económica.

Parte I: Análise da sobrecapacidade portuária

Com o comércio marítimo a representar a maior parte do comércio internacional, muitos portos encontram-se numa situação de sobrecapacidade. Este fenómeno, embora motivado pelo desejo de melhorar a competitividade e responder à procura crescente, pode conduzir a ineficiências e ao desperdício de recursos. Esta primeira parte explora as causas profundas do excesso de capacidade, analisando as motivações económicas, os erros de previsão e o impacto das tecnologias modernas na expansão das infra-estruturas portuárias.

Capítulo 1: Causas do excesso de capacidade

1. Aumento do investimento em infra-estruturas

Um dos principais factores subjacentes à sobrecapacidade é o aumento maciço do investimento, tanto público como privado, em infra-estruturas portuárias. Este investimento, impulsionado pelo desejo de modernizar e expandir os portos, foi amplificado pela crescente concorrência entre regiões. Os governos e os investidores privados vêem os portos como uma alavanca para o desenvolvimento económico, incentivando a construção de terminais adicionais e a modernização dos equipamentos.

- **Investimento público e privado**: Na Europa, por exemplo, projectos financiados por fundos europeus permitiram a expansão de vários portos, como o porto de **Valência** em Espanha. Nos Estados Unidos, o porto de Los Angeles beneficiou igualmente de um fluxo de investimentos privados e públicos para melhorar as suas instalações, o que criou uma situação em que a capacidade disponível nem sempre é utilizada em todo o seu potencial.

- **Concorrência entre portos regionais** : Os portos asiáticos são um bom exemplo desta dinâmica. A concorrência entre os portos de **Singapura**, **Shenzhen** e **Shanghai**, cada um procurando tornar-se o centro logístico regional, levou a expansões maciças, aumentando a capacidade muito para além da procura atual. Esta corrida ao topo conduziu frequentemente à subutilização das infra-estruturas, criando uma situação de sobrecapacidade.

2. Crescimento do comércio e expectativas da procura

Outra causa significativa de excesso de capacidade está ligada a expectativas não satisfeitas de aumento dos fluxos comerciais. As projecções de crescimento do comércio mundial, embora sólidas, revelaram-se por vezes demasiado optimistas, conduzindo a um excesso de investimento.

- **Potencial não realizado do aumento dos fluxos comerciais**: Na década de 2000, o forte crescimento do comércio mundial levou a uma série de projectos de expansão portuária. No entanto, a crise financeira de 2008 levou a um abrandamento inesperado do comércio, deixando muitos portos com infra-estruturas não utilizadas. Por exemplo, o **porto de Pusan** na Coreia do Sul, tendo antecipado um aumento do comércio com a China, viu-se com excesso de capacidade quando o comércio regional estagnou.

- **Erros de previsão e falta de adaptação** : Os erros de previsão são comuns, uma vez que se baseiam em modelos complexos de crescimento económico. Nalguns casos, os portos não conseguiram adaptar a sua estratégia de investimento. O **porto de Taranto**, em Itália, por exemplo, tinha previsto um crescimento do comércio com a Europa de Leste e o Médio Oriente, mas sofreu uma quebra de atividade, o que ilustra os limites de uma estratégia baseada em previsões incertas.

3. Evolução tecnológica e modernização dos equipamentos

A modernização das infra-estruturas portuárias, embora benéfica, pode também conduzir a um excesso de capacidade quando as novas tecnologias não são totalmente compatíveis com as necessidades reais ou as práticas locais. A adoção de tecnologias avançadas é frequentemente acompanhada de uma expansão física das instalações para acomodar o novo equipamento.

- **O papel das novas tecnologias na expansão portuária** : A automatização e a digitalização dos processos portuários exigem frequentemente instalações maiores para gerir os sistemas automatizados. No **porto de Roterdão**, por exemplo, a automatização levou à criação de terminais adicionais, mas a transição tecnológica demorou mais tempo do que o previsto e as instalações adicionais não foram totalmente utilizadas no início.

- **Incompatibilidade com as necessidades reais** : Os avanços tecnológicos, embora essenciais para a eficácia, podem por vezes revelar-se inadequados às necessidades do mercado. O porto de Hambantota **no Sri Lanka, construído com equipamento moderno na expetativa de um aumento do comércio no Sul da Ásia, acabou por ser subutilizado, uma vez que os fluxos comerciais regionais não corresponderam às expectativas, o que ilustra o impacto de investimentos mal alinhados com as necessidades reais.

Este capítulo sublinha o facto de a sobrecapacidade portuária resultar de uma combinação de factores económicos, previsionais e tecnológicos, ilustrando a necessidade de um planeamento mais flexível e melhor adaptado à dinâmica evolutiva do comércio mundial.

Capítulo 2: Consequências do excesso de capacidade

A sobrecapacidade portuária tem efeitos financeiros e ambientais adversos, limitando a rendibilidade e criando pressão sobre os recursos locais. O presente capítulo explora as várias consequências da sobrecapacidade, descrevendo em pormenor os elevados custos associados à manutenção, as margens de lucro reduzidas para os operadores portuários e os impactos ambientais gerados por infra-estruturas subutilizadas. Estes elementos mostram que a sobrecapacidade não é apenas uma questão de disponibilidade de espaço, mas uma fonte de preocupação económica e ambiental.

1. Custos de manutenção elevados

As infra-estruturas portuárias exigem custos fixos significativos para a sua manutenção, mesmo quando não estão a funcionar a plena capacidade. Estes custos incluem a manutenção dos cais e do equipamento de carga e descarga, bem como a modernização periódica para evitar a obsolescência.

- **Taxas fixas para a manutenção de infra-estruturas não utilizadas** : Os portos devem manter as suas instalações seguras e operacionais, quer sejam ou não plenamente utilizadas. Por exemplo, no **porto de Cagliari**, em Itália, os custos de manutenção das infra-estruturas não utilizadas na sequência da redução dos fluxos tiveram um impacto financeiro considerável no orçamento da região, com custos de manutenção que ascendem a vários milhões de euros por ano.

- **Custos de manutenção e modernização**: A modernização dos equipamentos, embora crucial para a manutenção da competitividade, impõe custos adicionais aos portos com sobrecapacidade. Nos **Estados Unidos**, alguns portos da costa ocidental viram os seus custos de modernização aumentar de 15% a 20% devido à subutilização de certas zonas, que requerem intervenções regulares para evitar a sua deterioração. Estes custos recorrentes pesam na rentabilidade global das infra-estruturas portuárias.

2. Redução da rendibilidade

A sobrecapacidade afecta diretamente a rentabilidade dos portos, uma vez que as instalações subutilizadas não geram receitas suficientes para cobrir os custos fixos e operacionais. As margens de lucro estão a diminuir e alguns portos debatem-se com dificuldades para atingir níveis de receitas estáveis.

- **Efeitos nas margens de lucro e nas receitas dos portos** : Os portos que não estão a utilizar a sua infraestrutura em toda a sua capacidade estão a assistir a uma diminuição da rentabilidade. No **porto de Qingdao**, na China, a rápida expansão das infra-estruturas conduziu a um excesso de capacidade crónico, reduzindo as margens de lucro em 8% nos últimos anos. As receitas, embora em crescimento, não estão a compensar o aumento dos custos de gestão deste espaço não utilizado.

Esta quebra de rentabilidade está a obrigar muitos portos a reduzir as suas tarifas para atrair mais tráfego, o que pode conduzir a uma corrida para o fundo e a uma redução da qualidade dos serviços. Alguns portos do Sudeste Asiático, como o **Port Klang** na Malásia, tiveram de oferecer descontos e reduções fiscais para atrair as companhias de navegação, o que afectou a sua rentabilidade a longo prazo.

3. Impacto ambiental

A sobrecapacidade não é apenas um desafio financeiro, tem também um impacto ambiental significativo. As infra-estruturas portuárias não utilizadas ou parcialmente utilizadas contribuem para a degradação do ambiente através da poluição e do congestionamento das zonas portuárias.

- **Poluição resultante de infra-estruturas não utilizadas** : Os portos com excesso de capacidade geram resíduos e poluentes mesmo quando não há um nível elevado de atividade. Por exemplo, as instalações subutilizadas continuam a emitir gases com efeito de estufa associados à manutenção do equipamento e ao funcionamento das instalações portuárias, contribuindo para a poluição atmosférica local. Na **Europa**, portos como o de **Génova**, em Itália, observaram um aumento da poluição devido ao equipamento em funcionamento, mesmo em períodos de baixo tráfego.

- **Congestionamento desnecessário e sobrelotação das instalações portuárias**: Em alguns portos com excesso de capacidade, as áreas não utilizadas ocupam espaço que poderia ser reafectado, contribuindo para um congestionamento desnecessário. O porto de Roterdão**, nos Países Baixos, apesar da sua dimensão, está sujeito a uma pressão ambiental acrescida devido a instalações parcialmente não utilizadas, tendo sido necessário implementar iniciativas para minimizar o impacto deste congestionamento, como a instalação de sensores para gerir melhor o afluxo de navios e reduzir a poluição local.

Estes exemplos mostram que a sobrecapacidade não é apenas um problema económico, mas também um desafio ambiental, exigindo que os portos revejam as suas estratégias de planeamento e gestão para minimizar os efeitos negativos.

Capítulo 3: Estudos de caso

Para melhor compreender a dinâmica da sobrecapacidade portuária, este capítulo analisa exemplos concretos de portos em diferentes regiões do mundo e examina as suas diferentes abordagens à gestão da capacidade. Compara os portos com sobrecapacidade persistente com os portos que conseguiram otimizar a utilização das infra-estruturas. Esta panorâmica internacional identifica as melhores práticas e estratégias inovadoras que poderão inspirar uma gestão mais eficaz da capacidade portuária.

1. Análise dos portos com excesso de capacidade

Em várias regiões do mundo, os portos estão a viver situações de sobrecapacidade que afectam a sua rentabilidade e desempenho. Estes exemplos ilustram as causas da sobrecapacidade, os desafios específicos e as lições aprendidas com estas experiências:

- **Europa**: O porto de **Algesiras** em Espanha foi concebido para apoiar o forte crescimento da procura de transporte marítimo entre a Europa e África, mas não atingiu os volumes esperados devido à concorrência de portos vizinhos como **Tanger Med** em Marrocos. Com uma utilização da capacidade de cerca de 60%, o porto de Algesiras está a incorrer em elevados custos de manutenção sem gerar as receitas inicialmente previstas, o que ilustra os riscos de uma antecipação excessiva da procura.

- **Estados Unidos**: O porto de Savannah, na Geórgia, investiu fortemente em infra-estruturas modernas para se tornar um centro essencial para as importações e exportações dos EUA. No entanto, as flutuações imprevistas da procura e o crescimento de portos concorrentes reduziram a utilização de certas instalações. Consequentemente, Savannah deve agora reorientar algumas das suas infra-estruturas para utilizações logísticas, a fim de otimizar a sua ocupação e minimizar os custos de manutenção.

- **África** : O porto de Lagos, na Nigéria, viu a sua capacidade aumentar para satisfazer a procura regional. No entanto, problemas de gestão e de infra-estruturas rodoviárias limitam a fluidez das operações e algumas das instalações continuam subutilizadas. Esta situação mostra que a sobrecapacidade não resulta apenas das previsões de procura, mas também da gestão integrada das infra-estruturas logísticas.

- **Ásia**: O porto de **Busan** na Coreia do Sul, há muito líder na Ásia, está a enfrentar um excesso de capacidade devido à ascensão de portos chineses como **Shanghai** e **Ningbo**. Busan tentou diversificar os seus serviços, oferecendo soluções logísticas e desenvolvendo zonas industriais para atrair empresas, mas a concorrência continua intensa e algumas das suas instalações estão subutilizadas.

2. Comparação com portos que geriram com êxito a sua capacidade

Alguns portos adoptaram estratégias eficazes para ajustar a sua capacidade em função da procura e evitar a sobrecapacidade. A análise destes casos permite identificar práticas que promovem a gestão sustentável da capacidade portuária:

- **Porto de Roterdão, Países Baixos**: Conhecido pela sua abordagem inovadora, o Porto de Roterdão investiu em tecnologias de gestão dos fluxos e de otimização do espaço. Graças a um sistema de planeamento avançado, ajusta a capacidade dos seus cais e zonas de armazenagem em função das previsões de procura. Durante os períodos de baixa atividade, certas instalações são convertidas para utilização logística, reduzindo o risco de sobrecapacidade e gerando receitas adicionais.

- **Porto de Singapura**: Enquanto plataforma global, o Porto de Singapura está a otimizar a sua capacidade através da logística integrada e da automatização. Utiliza ferramentas de inteligência artificial para prever os requisitos de capacidade e ajustar a sua afetação de espaço em conformidade. Por exemplo, no caso de uma queda na procura, redirecciona as actividades para áreas de armazém ou de transbordo. Esta flexibilidade permitiu a Singapura manter uma utilização constante das suas infra-estruturas.

- **Porto de Tanger Med, Marrocos**: Perante um crescimento rápido, Tanger Med optou por um desenvolvimento faseado para evitar o excesso de capacidade. Cada extensão é construída em função da procura efectiva, o que permitiu ao porto maximizar a ocupação das suas instalações. Ao utilizar uma estratégia modular, Tanger Med é capaz de responder às flutuações da procura, minimizando os custos de manutenção associados a um potencial excesso de capacidade.

Estes estudos de casos demonstram que a sobrecapacidade pode ser gerida eficazmente através de uma combinação de tecnologia, flexibilidade organizacional e planeamento adaptativo. Os portos que antecipam não só o crescimento, mas também as variações da procura, estão mais bem preparados para evitar as consequências financeiras e ambientais da sobrecapacidade.

Parte II: Análise da Sub-Atividade dos Portos

Esta segunda parte explora a subactividade portuária, um problema comum que afecta a rentabilidade e o desempenho das infra-estruturas portuárias. A subactividade ocorre quando as instalações disponíveis são insuficientemente utilizadas, muitas vezes devido a alterações nas rotas comerciais, ao aumento da concorrência ou a problemas logísticos e de acessibilidade. Esta secção examina as principais causas da subactividade, recorrendo a exemplos concretos, para melhor compreender como os portos podem antecipar e mitigar estas situações.

Capítulo 4: Causas da subactividade

A subactividade dos portos resulta de múltiplos factores, alguns dos quais são intrínsecos às mudanças globais e à evolução do sector do transporte marítimo. As causas seguintes evidenciam as pressões exercidas pela evolução das rotas comerciais, a concorrência entre portos e os obstáculos logísticos.

1. Alterações nas rotas comerciais

As rotas comerciais estão em constante evolução em resposta a novas oportunidades económicas, avanços tecnológicos e pressões geopolíticas. Isto pode ter um impacto direto na atividade portuária:

- Redirecionar os fluxos comerciais**: Por exemplo, a introdução de novas rotas, como a rota do Ártico, que liga a Ásia e a Europa mais rapidamente, contornando os canais tradicionais, está a reduzir a dependência dos portos mediterrânicos, como o Suez ou o Pireu. O degelo do Ártico abriu uma nova rota de transporte, mais curta e mais competitiva. Os portos que dependem fortemente de certos fluxos correm o risco de sofrer uma quebra de atividade se esses fluxos forem reorientados para rotas alternativas.

- Alterações geopolíticas**: As tensões geopolíticas podem também influenciar a reorganização das rotas comerciais. Por exemplo, as tensões entre os Estados Unidos e a China levaram algumas empresas a procurar fontes alternativas de abastecimento, reduzindo a atividade nos portos especializados no transporte de mercadorias chinesas. Esta situação reflecte-se em portos americanos como o de Los Angeles, onde a queda das importações provenientes da China levou a uma subactividade temporária.

2. Aumento da concorrência entre portos

O aumento da concorrência é outra das principais causas da subactividade portuária, fazendo com que alguns portos percam quota de mercado para concorrentes mais atractivos:

- Âmbito da concorrência regional e internacional**: Nas regiões onde os portos são numerosos e próximos uns dos outros, a concorrência é intensa. Na Ásia, por exemplo, os portos de Singapura, Busan e Hong Kong estão a competir para atrair os principais transportadores marítimos. Esta concorrência pode levar os portos menos eficientes ou menos modernizados a perder clientes, o que resulta numa subactividade prolongada.

- Caso do porto de Durban, na África do Sul**: Durban, há muito considerado o principal porto da África Austral, viu recentemente a sua atividade reduzida devido à crescente concorrência de portos emergentes, como Walvis Bay, na Namíbia, que oferece infra-estruturas modernas e tempos de movimentação reduzidos. Esta concorrência levou Durban a rever a sua estratégia e a investir na modernização das suas instalações para recuperar a sua quota de mercado.

3. Questões logísticas e de acessibilidade

Os desafios logísticos e os obstáculos de acessibilidade limitam frequentemente a capacidade dos portos para utilizarem plenamente as suas infra-estruturas:

- Constrangimentos de infra-estruturas**: Alguns portos sofrem de estrangulamentos na sua cadeia logística, reduzindo a eficiência das suas operações. Por exemplo, o porto de Lagos, na Nigéria, sofre de problemas de acessibilidade rodoviária, o que dificulta o transporte de mercadorias para os mercados nacionais. Esta limitação logística leva à subutilização da infraestrutura, apesar da procura potencial significativa.

- Condições ambientais e restrições regulamentares**: Alguns portos têm também de enfrentar condições ambientais específicas, como as marés ou as correntes, que limitam a sua capacidade para acolher navios de grandes dimensões. Além disso, a regulamentação rigorosa ou as restrições governamentais podem, por vezes, atrasar as operações portuárias, afectando a utilização das infra-estruturas. Um exemplo é o porto de Hamburgo, na Alemanha, onde as restrições ambientais para proteger o Elba impedem uma dragagem suficiente do rio, dificultando o acesso de grandes navios ao porto e reduzindo a atividade portuária.

A subactividade dos portos é frequentemente o resultado de mudanças externas, do aumento da concorrência e de desafios logísticos internos. Para os portos confrontados com esta situação, a rápida adaptação e a modernização dos seus activos são essenciais para atrair novas actividades e melhorar a rentabilidade.

Capítulo 5: Consequências da subactividade

A subactividade dos portos tem um impacto profundo na sua rentabilidade, na competitividade da região e nas economias locais. Este capítulo explora estas consequências em pormenor, mostrando como a subutilização das infra-estruturas portuárias pode levar a uma perda de competitividade, à redução do emprego local e mesmo a riscos de encerramento ou reconversão das instalações portuárias.

1. Perda de competitividade

A subactividade conduz a uma diminuição significativa da competitividade dos portos em causa, que vêem a sua atratividade reduzida face a concorrentes mais dinâmicos:

- Efeito de arrastamento no comércio local** : Quando um porto é subutilizado, as companhias de navegação e os operadores logísticos recorrem frequentemente a alternativas mais movimentadas e mais eficientes. Esta fuga de atividade comercial não só enfraquece o porto, mas também toda a rede económica que depende do seu bom funcionamento, desde as zonas industriais próximas até aos prestadores de serviços logísticos. Na América do Norte, por exemplo, os portos de média dimensão, como Baltimore, enfrentam a concorrência dos grandes portos de entrada, como Nova Iorque e Savannah, que atraem mais tráfego graças ao seu maior volume de atividade e às suas infra-estruturas modernizadas.

- Perda de oportunidades de expansão**: Um porto pouco ativo não tem receitas para reinvestir nas suas infra-estruturas, criando um círculo vicioso em que a sua falta de competitividade é gradualmente reforçada. Exemplos asiáticos ilustram este fenómeno, nomeadamente nos portos secundários da Malásia, que, face ao crescimento de Singapura e de Port Klang, lutam para manter uma atividade suficiente para se manterem competitivos.

2. Impacto no emprego local e na economia regional

A subactividade tem também consequências socioeconómicas diretas para as regiões circundantes, nomeadamente em termos de emprego e de investimento:

- Desemprego e quebra do investimento local** : Quando a atividade portuária diminui, os empregos diretamente relacionados, como os estivadores, são imediatamente afectados. Simultaneamente, são também afectados os empregos indirectos nos sectores do abastecimento, da logística e dos transportes. Um exemplo notável é o do porto de Marselha, que, durante um período de subactividade, viu milhares de empregos no sector da logística serem afectados, resultando numa queda das receitas da região Provence-Alpes-Côte d'Azur.

- Redução das receitas fiscais locais** : A quebra de atividade de um porto conduz a uma redução das receitas fiscais recebidas pelas autoridades locais, com impacto nos recursos disponíveis para o desenvolvimento económico regional. Em Espanha, por exemplo, os portos secundários confrontados com a subactividade, como Huelva e Tarragona, registaram uma queda das receitas fiscais, comprometendo os orçamentos das infra-estruturas e dos serviços públicos.

3. Risco de encerramento ou conversão

Para alguns portos, uma subactividade prolongada pode levar a cenários extremos que envolvem o encerramento ou a conversão das suas instalações:

- Redução da atividade portuária**: Na ausência de uma recuperação efectiva, alguns portos acabam por limitar as suas operações ou reduzir a sua capacidade, encerrando certas instalações. Por exemplo, o porto de Valência, em Espanha, teve de reestruturar as suas operações, encerrando terminais para se concentrar nos mais rentáveis.

- Reconversão das infra-estruturas**: Alguns portos, confrontados com a sua subactividade, optam por diversificar as suas instalações, dedicando-se a outras actividades para otimizar a utilização das suas infra-estruturas. Nos Estados Unidos, o porto de Oakland, confrontado com uma subactividade prolongada, reorientou algumas das suas zonas para o desenvolvimento residencial e comercial. Na Europa, o porto de Roterdão transformou instalações portuárias inactivas em zonas dedicadas às energias renováveis, como parques eólicos e instalações solares.

Em suma, a subactividade constitui um desafio importante para os portos, ameaçando a sua competitividade, a sua contribuição para a economia regional e, por vezes, mesmo a sua sobrevivência enquanto plataformas logísticas. Estas consequências sublinham a importância de os portos se adaptarem às mudanças no comércio mundial, mantendo-se competitivos e desenvolvendo estratégias de diversificação para evitar a subutilização das suas instalações.

Capítulo 6: Estudos de caso

Neste capítulo, analisaremos exemplos concretos de portos que sofrem de subactividade, explorando os factores que contribuíram para o seu declínio e as medidas que estão a ser implementadas para relançar a sua atividade. Utilizando estudos de caso específicos, analisaremos os desafios únicos enfrentados por estes portos e as iniciativas que estão a ser tomadas para revitalizar estas infra-estruturas cruciais.

1. Análise dos portos que sofrem de subactividade

Alguns portos, em especial os situados em regiões isoladas ou em desenvolvimento, estão a lutar para atrair um volume de negócios suficiente para assegurar a sua rentabilidade. Estes portos estão frequentemente em concorrência com instalações maiores e mais modernas, ou são afectados por alterações nas rotas comerciais:

- Exemplo do porto de Jibuti**: Embora importante para a África Oriental, o porto de Jibuti teve de fazer face a uma quebra de atividade ligada ao desenvolvimento do porto de Berbera, na Somália, que atrai uma parte crescente do tráfego regional. A concorrência entre estes dois portos levou o Jibuti a rever as suas estratégias para reforçar a sua atratividade e diversificar a sua oferta logística.

- Porto de Cotonou, Benim**: Na África Ocidental, o porto de Cotonou também sofreu um período de subactividade devido ao aumento da concorrência dos portos vizinhos, nomeadamente Lomé e Tema. Este declínio é em parte atribuível a limitações de infra-estruturas e a problemas de gestão logística que tornaram o porto menos atrativo para os operadores do comércio marítimo.

- Porto de Rio Grande, Brasil**: Embora estratégico para o sul do Brasil, o porto de Rio Grande tem tido dificuldade em atrair grandes fluxos de tráfego devido à sua distância dos grandes centros industriais do país, como São Paulo. A distância e a falta de conetividade com as redes ferroviária e rodoviária limitaram o seu potencial de desenvolvimento.

2. Iniciativas adoptadas para revitalizar estes portos

Para combater a subactividade, vários portos implementaram iniciativas de revitalização que visam a melhoria das infra-estruturas, a diversificação das actividades e o desenvolvimento de novas rotas comerciais. Exemplos de projectos bem sucedidos incluem

- Revitalização do porto de Valência, Espanha**: Confrontado com um declínio da atividade, o porto de Valência lançou um vasto programa de modernização das suas instalações, centrado na digitalização e na otimização logística. Ao integrar sistemas inovadores de gestão portuária, Valência conseguiu atrair mais operadores e aumentar a fluidez das suas operações, o que contribuiu para um aumento significativo do seu tráfego.

- Projeto de desenvolvimento do porto de Mombaça, Quénia**: Em resposta aos desafios da subactividade e da concorrência regional, o porto de Mombaça investiu na construção de um terminal de contentores adicional e na melhoria das ligações ferroviárias com Nairobi e outras regiões do interior. Esta iniciativa visa tornar Mombaça mais atractiva para os operadores e aumentar o volume de mercadorias que transitam pelo porto.

- Transformação do porto de Gdansk, Polónia** : O porto de Gdansk, confrontado com períodos de subactividade na década de 1990, pôs em prática uma estratégia de reconversão, posicionando-se como uma placa giratória para o comércio da Europa Central e Oriental. Com o apoio da União Europeia e do investimento privado, o porto modernizou as suas instalações e diversificou os seus serviços, passando a incluir o transporte intermodal e a logística verde, reforçando assim a sua posição competitiva.

Em conclusão, estes estudos de caso mostram como iniciativas estratégicas e bem pensadas permitem aos portos ultrapassar a subactividade. Através de investimentos orientados e da adaptação às tendências do comércio mundial, os portos podem reposicionar-se para se tornarem actores dinâmicos e atractivos no sector da logística e do comércio internacional.

Parte III: Soluções e estratégias de melhoria

Num contexto em que a sobrecapacidade e a subactividade das infra-estruturas portuárias colocam desafios crescentes à eficiência operacional e à rentabilidade dos portos, torna-se crucial explorar soluções e estratégias de melhoria. Esta secção visa identificar e analisar abordagens inovadoras e pragmáticas que possam ser aplicadas para otimizar a utilização das instalações portuárias, garantir a sua viabilidade a longo prazo e satisfazer as necessidades do comércio mundial em constante evolução.

Começamos por analisar a necessidade de reconfigurar as infra-estruturas existentes para as adaptar às exigências actuais, tendo em conta os avanços tecnológicos e as melhores práticas do sector. Em seguida, analisaremos a importância de um investimento direcionado, que permita aos portos responder eficazmente à procura atual, antecipando simultaneamente as tendências futuras.

Ao integrar números, estudos de casos exemplares e perspectivas sectoriais, esta secção destacará estratégias concretas que se revelaram bem sucedidas em vários portos do mundo. O objetivo é fornecer aos decisores e gestores portuários ferramentas e recomendações práticas para navegarem num ambiente marítimo cada vez mais complexo. A transformação das infra-estruturas portuárias, através de soluções inovadoras e sustentáveis, não é apenas uma oportunidade de melhoria, mas também uma necessidade para garantir a competitividade dos portos à escala global.

Capítulo 7: Otimização da infraestrutura

Neste capítulo, centrar-nos-emos nas soluções e estratégias de otimização das infra-estruturas portuárias para fazer face aos desafios da sobrecapacidade e da subactividade. Centrando-nos na reconfiguração das instalações existentes e em investimentos específicos, exploraremos a forma como os portos podem melhorar a sua eficiência operacional, rentabilidade e sustentabilidade. Exemplos concretos ilustrarão a importância da adaptação das infra-estruturas portuárias às mudanças no comércio mundial.

1. Reconfiguração das instalações existentes

Para responder aos desafios actuais, muitos portos estão a ter de repensar e reconfigurar as suas instalações existentes. Isto significa tornar as infra-estruturas mais modulares e adaptáveis às flutuações da procura. Eis algumas abordagens:

- **Flexibilidade do terminal**: Os terminais modulares permitem que as operações sejam rapidamente adaptadas à evolução das necessidades do mercado. Por exemplo, o terminal de contentores de Roterdão tem áreas polivalentes integradas que podem ser utilizadas para diferentes tipos de carga, permitindo uma resposta rápida às alterações de volume. De acordo com um relatório da Organização Marítima Internacional (IMO), esta abordagem conduziu a um aumento de 15% na eficiência operacional.

- **Utilização de tecnologias avançadas**: A integração de tecnologias como a Internet das Coisas (IoT) e a inteligência artificial (IA) permite uma melhor gestão dos recursos. Por exemplo, o porto de Singapura utiliza sensores para monitorizar em tempo real a utilização das infra-estruturas e otimizar a carga e descarga dos navios. Esta tecnologia reduziu os tempos de espera dos navios em 20%, melhorando a eficiência global do porto.

- **Espaços de armazenagem dinâmicos** : A criação de espaços de armazenagem dinâmicos, capazes de alterar a afetação em função das necessidades sazonais ou das mudanças na cadeia de abastecimento, é essencial. O porto de Los Angeles desenvolveu zonas de armazenagem flexíveis que se adaptam aos tipos de mercadorias movimentadas, maximizando a utilização do espaço e reduzindo os custos de exploração.

2. Investimento direcionado para satisfazer a procura real

Outro aspeto crucial da melhoria do desempenho dos portos é a afetação estratégica dos investimentos em função das necessidades reais do mercado. Eis como isto pode funcionar:

- **Análise das tendências do mercado**: Antes de investir em novas infra-estruturas, os portos precisam de realizar estudos de mercado aprofundados para compreender as tendências actuais e futuras do comércio. Por exemplo, o Porto de Hamburgo utilizou modelos preditivos para antecipar alterações na procura, permitindo que os recursos fossem afectados à expansão do seu terminal de contentores apenas quando os dados o justificassem.

- **Parcerias público-privadas**: Podem também ser realizados investimentos específicos através de parcerias público-privadas (PPP), que permitem partilhar os riscos financeiros e acelerar o desenvolvimento dos projectos. O projeto de ampliação do porto de Cochim, na Índia, financiado por uma colaboração entre o Governo e investidores privados, permitiu modernizar as infra-estruturas em função das necessidades específicas do comércio marítimo local e regional.

- **Apoio à sustentabilidade** : Os portos devem também investir em infra-estruturas sustentáveis para responder às crescentes expectativas de responsabilidade ambiental. Por exemplo, o porto de Barcelona incorporou instalações de recarga para navios eléctricos e sistemas modernos de gestão de resíduos, que não só satisfazem as exigências ambientais como também tornam o porto mais atraente para as companhias de navegação preocupadas com a sua pegada de carbono.

Em suma, a otimização das infra-estruturas portuárias exige uma reconfiguração inteligente e investimentos orientados que respondam às necessidades reais do mercado. Os portos que adoptam estas estratégias podem não só melhorar a sua eficiência operacional, mas também garantir a sua competitividade no mercado global. A utilização de tecnologias avançadas e a implementação de parcerias estratégicas desempenham um papel crucial nesta transformação, permitindo aos portos adaptarem-se aos desafios do século XXI.

Capítulo 8: Colaboração e parcerias

A colaboração e as parcerias são fundamentais para enfrentar os desafios da sobrecapacidade e da subactividade dos portos. medida que os ambientes económicos e empresariais se tornam cada vez mais complexos, a cooperação entre os intervenientes portuários, públicos ou privados, pode oferecer soluções inovadoras para melhorar a eficiência operacional e a rentabilidade. Este capítulo explora as sinergias entre os portos regionais e a importância das parcerias público-privadas no desenvolvimento portuário.

1. Sinergias entre portos regionais

Os portos regionais podem beneficiar de uma maior cooperação para otimizar as suas operações e responder melhor às necessidades do comércio marítimo. Por exemplo, a colaboração entre portos vizinhos pode partilhar recursos, harmonizar os procedimentos aduaneiros e melhorar a logística multimodal. Um estudo efectuado pela Organização Marítima Internacional (IMO) demonstrou que os portos que estabelecem redes de cooperação registam um aumento de 20% na sua eficiência operacional.

As sinergias podem também assumir a forma de projectos conjuntos, como o desenvolvimento de zonas de transbordo ou de instalações logísticas partilhadas. Um exemplo concreto é a cooperação entre o porto de Roterdão e o porto de Antuérpia, que criaram iniciativas para facilitar a transferência de mercadorias e melhorar a cadeia de abastecimento na Europa. Estas colaborações não só reduzem os custos operacionais, como também aumentam a competitividade dos portos na cena internacional.

2. Parcerias público-privadas

As parcerias público-privadas (PPP) constituem uma abordagem estratégica para o desenvolvimento das infra-estruturas portuárias. Ao reunir os recursos e as competências dos sectores público e privado, estas parcerias permitem investir em projectos de grande envergadura, partilhando simultaneamente os riscos financeiros e operacionais. De acordo com um estudo do Banco Mundial, os projectos portuários realizados em parceria com empresas privadas têm uma probabilidade de êxito 30% superior à dos projectos financiados exclusivamente por fundos públicos.

Um exemplo significativo é o desenvolvimento do porto de Hamburgo, onde a colaboração entre o governo local e as empresas privadas permitiu a modernização das infra-estruturas e um aumento da capacidade de movimentação de contentores. Esta iniciativa conduziu a um aumento de 15% do volume de tráfego portuário em apenas três anos, ilustrando a eficácia das PPP no sector portuário.

Além disso, a colaboração e as parcerias são factores cruciais para melhorar o desempenho dos portos. A promoção de sinergias entre os portos regionais e o estabelecimento de parcerias público-privadas permitem otimizar a utilização das infra-estruturas, aumentar a competitividade e assegurar o desenvolvimento sustentável do sector portuário. Estas iniciativas representam oportunidades para os portos se adaptarem aos desafios actuais, respondendo simultaneamente às crescentes exigências do comércio internacional.

Capítulo 9: Inovação tecnológica

A inovação tecnológica é um fator-chave para melhorar a eficiência dos portos face à sobrecapacidade e à subactividade. Ao integrarem soluções tecnológicas avançadas, os portos podem não só otimizar as suas operações, mas também adaptar-se às rápidas mudanças no mercado global. Este capítulo centra-se na adoção de tecnologias avançadas, como a digitalização e a automatização, bem como na utilização de dados e análises para prever a procura e gerir os recursos portuários de forma eficiente.

1. Adoção de tecnologias avançadas

A digitalização e a automatização tornaram-se prioridades para os portos que pretendem aumentar a sua eficiência operacional. A implementação de sistemas digitais pode racionalizar os processos, reduzir os tempos de espera e melhorar a rastreabilidade das mercadorias. Por exemplo, o Porto de Roterdão investiu fortemente em tecnologias digitais, o que resultou numa redução de 30% nos tempos de manuseamento de contentores.

A automatização das operações portuárias, nomeadamente através da utilização de veículos autónomos e gruas automatizadas, pode aumentar a produtividade e minimizar os erros humanos. De acordo com um estudo da McKinsey, os portos que adoptam sistemas automatizados podem melhorar a sua capacidade de movimentação em 50% e reduzir os custos operacionais em 15%.

Um exemplo ilustrativo é o porto de Qingdao, na China, que implementou um sistema de controlo automatizado para a gestão da carga, permitindo uma redução significativa dos custos de mão de obra e um aumento da eficiência. A integração de tecnologias avançadas está a ajudar a transformar o porto num centro moderno, capaz de responder às necessidades do comércio internacional de forma ágil e eficiente.

2. Utilização de dados e análises

A utilização de dados e análises desempenha um papel crucial na gestão dos portos modernos. Com ferramentas analíticas avançadas, os portos podem prever a procura, analisar tendências e otimizar a utilização das suas infra-estruturas. Ao analisar os dados em tempo real, podem também antecipar o congestionamento e gerir melhor os fluxos de tráfego.

Os portos podem tirar partido do Big Data para melhorar o seu planeamento estratégico. Por exemplo, o Porto de Los Angeles utiliza algoritmos de aprendizagem automática para analisar dados de tráfego marítimo e terrestre, o que lhe permite otimizar os horários de chegada e partida dos navios. Esta abordagem conduziu a uma redução de 25% nos tempos de espera dos navios, contribuindo para uma maior rentabilidade.

Além disso, a integração de sistemas IoT (Internet das Coisas) permite a monitorização em tempo real das operações portuárias. Isto ajuda a detetar anomalias e a implementar rapidamente medidas corretivas, melhorando a eficiência operacional global. Estudos mostram que a utilização de análises avançadas nos portos pode aumentar a precisão das previsões da procura até 20%.

Em última análise, a inovação tecnológica, através da adoção de tecnologias avançadas e da utilização de dados e análises, representa uma solução essencial para os portos face aos desafios da sobrecapacidade e da subactividade. Ao investir nestas áreas, os portos podem não só melhorar a sua eficiência operacional, mas também preparar-se para as futuras exigências do comércio internacional. Estas transformações tecnológicas não só são benéficas a nível operacional, como também reforçam a sustentabilidade e a competitividade dos portos a longo prazo.

Capítulo 10: Políticas públicas e regulamentação

As políticas públicas e a regulamentação desempenham um papel crucial na gestão das infra-estruturas portuárias, especialmente face aos desafios da sobrecapacidade e da subactividade. Uma abordagem estratégica por parte dos governos pode promover o desenvolvimento harmonioso dos portos e garantir a sua competitividade no mercado global. Este capítulo analisa o papel dos governos no planeamento e regulação do sector portuário, bem como os incentivos fiscais em vigor para encorajar o investimento em portos subutilizados.

1. Papel dos governos

Os governos são responsáveis pela definição de um quadro estratégico para o desenvolvimento das infra-estruturas portuárias. Isto inclui o planeamento a longo prazo dos portos, tendo em conta as tendências do comércio internacional, as flutuações económicas e a evolução tecnológica. Por exemplo, a União Europeia desenvolveu políticas de transporte que visam reforçar a conetividade dos portos, melhorando simultaneamente a sua eficiência operacional. Em 2021, um relatório da Comissão Europeia salientou a importância do planeamento integrado para enfrentar os desafios do congestionamento portuário e do impacto ambiental.

Os governos devem também regulamentar o sector portuário para garantir um equilíbrio entre a concorrência e a cooperação entre os portos. Isto implica o estabelecimento de regras claras sobre o acesso às infra-estruturas portuárias, as tarifas e os serviços. Por exemplo, na Austrália, a New South Wales Ports Regulation Authority criou um quadro regulamentar para garantir a transparência dos custos e a competitividade dos serviços portuários.

Além disso, os governos podem incentivar a colaboração entre os portos e outros actores da cadeia logística, como as empresas de transporte terrestre, as agências aduaneiras e os operadores de transporte de mercadorias. Esta abordagem de colaboração pode otimizar a utilização das infra-estruturas existentes e reduzir o risco de subactividade.

2. Incentivos fiscais

Os incentivos fiscais são uma alavanca importante para atrair investimentos para portos subutilizados. Os governos podem oferecer benefícios fiscais, subvenções e créditos fiscais para incentivar o desenvolvimento de infra-estruturas portuárias e a melhoria dos serviços. Por exemplo, no âmbito do Programa de Desenvolvimento de Infra-estruturas Portuárias dos Estados Unidos, o governo federal atribuiu fundos para apoiar projectos de modernização portuária, com especial incidência nos portos regionais subutilizados.

Em França, a "Loi d'Orientation des Mobilités" (LOM) introduz incentivos para os portos que pretendam melhorar a sua competitividade e atrair investimento privado. Estes incentivos incluem isenções fiscais para projectos de infra-estruturas que promovam o transporte multimodal e reduzam a pegada de carbono das operações portuárias.

Os governos podem também adotar políticas de investimento que promovam o desenvolvimento sustentável dos portos. Por exemplo, ao criarem programas de subsídios para a instalação de equipamento eco-responsável, estão a incentivar não só a modernização das infra-estruturas, mas também a redução do impacto ambiental das actividades portuárias.

No entanto, as políticas públicas e a regulamentação são essenciais para uma gestão eficiente dos portos face aos desafios da sobrecapacidade e da subactividade. O papel proactivo dos governos no planeamento, na regulamentação e na oferta de incentivos fiscais pode ajudar a revitalizar os portos subutilizados e a otimizar as infra-estruturas existentes. Estas medidas não só promovem a competitividade dos portos, como também a sua adaptação às futuras exigências do comércio internacional e da sustentabilidade ambiental.

Parte IV: Perspectivas

O futuro das infra-estruturas portuárias está intimamente ligado à evolução do comércio internacional, às novas dinâmicas geopolíticas e aos avanços tecnológicos. Este capítulo analisa as principais tendências que estão a moldar o panorama portuário mundial, incluindo as novas rotas comerciais e a evolução das cadeias de abastecimento. Ao analisar estas tendências, podemos compreender melhor como os portos se podem adaptar e preparar para os desafios e oportunidades futuros.

Capítulo 11: Tendências do comércio internacional

Num mundo em constante mudança, os portos têm de antecipar as alterações que afectam o comércio internacional. As novas rotas comerciais, como a Iniciativa "Belt and Road" (BRI), e a evolução das cadeias de abastecimento influenciam diretamente a forma como os portos funcionam e se organizam.

1. Novas rotas comerciais

A Iniciativa "Uma Faixa, Uma Rota", lançada pela China em 2013, tem por objetivo criar uma rede de transportes e comércio que ligue a Ásia, a Europa e o resto do mundo. Este projeto colossal inclui investimentos em infra-estruturas portuárias, ferroviárias e rodoviárias, facilitando o comércio entre os países participantes. De acordo com um relatório do Banco Asiático de Desenvolvimento, espera-se que cerca de 1,3 biliões de dólares sejam investidos na iniciativa até 2030, criando novas oportunidades para os portos de todo o mundo.

Os portos situados ao longo destas novas rotas comerciais encontram-se numa posição estratégica para beneficiar do aumento dos fluxos comerciais. Por exemplo, o porto de Gwadar, no Paquistão, desenvolvido no âmbito da BRI, tornou-se um importante centro de comércio entre a China e o Médio Oriente. No entanto, esta nova dinâmica também coloca desafios, como o aumento da concorrência entre portos e a necessidade de melhorar as infra-estruturas para fazer face ao aumento do volume de tráfego.

2. Alterações nas cadeias de abastecimento

As cadeias de abastecimento mundiais estão a mudar rapidamente em resposta a factores como as mudanças geopolíticas, as crises económicas e as preocupações ambientais. As tensões comerciais entre grandes potências, como os EUA e a China, levaram muitas empresas a reconsiderar as suas estratégias de produção e distribuição. Por exemplo, o conceito de "dissociação" ganhou popularidade, levando algumas empresas a deslocalizar a produção para mais perto dos seus mercados-alvo, a fim de reduzir a sua dependência de cadeias de abastecimento longas e vulneráveis.

Estas alterações nas cadeias de abastecimento têm um impacto direto nos portos, na medida em que modificam os fluxos de mercadorias e as necessidades de infra-estruturas. Os portos devem adaptar-se a estas alterações, melhorando a sua flexibilidade e capacidade. Por exemplo, o aumento do transporte de contentores por via aérea, acelerado pela pandemia de COVID-19, exige investimentos em infra-estruturas portuárias capazes de lidar com volumes crescentes de carga.

Além disso, o aumento do comércio eletrónico e a crescente procura de entregas rápidas estão a obrigar os portos a repensar as suas operações. De acordo com um estudo da McKinsey, prevê-se que o mercado global de comércio eletrónico atinja 6,4 biliões de dólares até 2024, criando oportunidades para os portos que possam oferecer soluções logísticas eficientes.

Em suma, as tendências do comércio internacional, incluindo as novas rotas comerciais e a evolução das cadeias de abastecimento, irão moldar o futuro das infra-estruturas portuárias. Para se manterem competitivos, os portos terão de se adaptar rapidamente à evolução do panorama global, investir em infra-estruturas modernas e desenvolver estratégias de colaboração com outros intervenientes na cadeia de abastecimento. A incorporação destas tendências no planeamento portuário será fundamental para enfrentar os desafios futuros e maximizar as oportunidades de crescimento.

Capítulo 12: Sustentabilidade e ambiente

À medida que o sector portuário evolui face às novas realidades económicas e tecnológicas, as preocupações ambientais tornam-se incontornáveis. Os portos são frequentemente fontes importantes de poluição proveniente da atividade industrial, das emissões dos navios e das infra-estruturas logísticas. Este capítulo explora estratégias para que os portos adoptem práticas amigas do ambiente e reduzam a sua pegada de carbono, contribuindo assim para a sustentabilidade ambiental.

1. Integrar as preocupações ambientais

Com a crescente regulamentação internacional sobre as emissões de gases com efeito de estufa (GEE) e a preservação dos recursos marinhos, os portos têm de integrar estratégias ecológicas nas suas operações. Por exemplo, a Organização Marítima Internacional (IMO) estabeleceu o objetivo de reduzir as emissões de GEE do sector marítimo em 50% até 2050. Esta pressão está a levar os portos a adoptarem práticas respeitadoras do ambiente para cumprirem as normas, mantendo-se competitivos.

Alguns portos, como o de Roterdão, já lançaram iniciativas ambiciosas para reduzir o seu impacto ambiental. Este porto neerlandês investiu nas energias renováveis, nomeadamente na energia eólica e solar, e incentiva os navios a utilizarem combustíveis menos poluentes através de incentivos financeiros. Além disso, o desenvolvimento de portos verdes, que utilizam tecnologias limpas e se esforçam por reduzir o seu impacto ambiental, está a ganhar terreno na Europa e na Ásia. Esta abordagem inclui a instalação de terminais eléctricos para navios no cais, reduzindo assim as emissões relacionadas com o gasóleo.

2. Reduzir a pegada de carbono

Os portos devem também adotar práticas específicas para reduzir a sua pegada de carbono e minimizar a poluição da água e do ar. Uma estratégia fundamental consiste em melhorar a eficiência energética do equipamento portuário. Por exemplo, a conversão de gruas e outros equipamentos de movimentação de cargas para funcionamento elétrico pode reduzir as emissões de CO2 e de outros poluentes atmosféricos.

A eletrificação das operações portuárias é um domínio em rápida expansão. Por exemplo, o Porto de Los Angeles implementou uma política de eletrificação das suas infra-estruturas, contribuindo para uma redução de 32% das suas emissões de GEE em dez anos. Ao mesmo tempo, a utilização de tecnologias de captura e armazenamento de carbono (CCS) é outra solução que está a ser considerada para reduzir a pegada de carbono do porto.

Por último, a aplicação de práticas de gestão dos resíduos e das águas de lastro é uma forma eficaz de preservar os ecossistemas locais. Os portos de Singapura e Hamburgo estão particularmente avançados neste domínio, com sistemas integrados de gestão dos resíduos e de tratamento das águas de lastro para evitar a contaminação dos meios aquáticos.

Em suma, a integração de práticas sustentáveis e a redução da pegada de carbono já não são apenas opções, mas imperativos para os portos que pretendem manter-se competitivos e ambientalmente responsáveis. Estes esforços contribuem para o combate às alterações climáticas e incentivam uma utilização mais racional dos recursos naturais, promovendo um modelo de desenvolvimento portuário amigo do ambiente.

Capítulo 13: Desenvolvimentos tecnológicos

Os avanços tecnológicos estão a redefinir as operações portuárias através da introdução de soluções digitais e ferramentas de automatização que aumentam a eficiência, reduzem os custos e melhoram a segurança. Neste capítulo, analisamos a forma como a digitalização e a automatização, incluindo a utilização de drones, estão a transformar a gestão portuária e a otimizar os fluxos logísticos.

1. Digitalização das operações portuárias

A digitalização representa uma das transformações mais significativas nos portos modernos, com tecnologias como a Internet das Coisas (IoT), a inteligência artificial (IA) e os grandes volumes de dados a permitirem uma gestão em tempo real dos fluxos e dos recursos. A digitalização permite centralizar e automatizar as informações sobre o tráfego portuário, o armazenamento e a movimentação de carga, contribuindo para uma melhor tomada de decisões e tempos de espera mais curtos para os navios.

Por exemplo, o Porto de Hamburgo integrou uma plataforma digital baseada na Internet das Coisas para monitorizar o tráfego e as infra-estruturas em tempo real. Esta plataforma optimiza o armazenamento de contentores e reduz os tempos de espera através da coordenação dos fluxos de entrada e saída. Em 2020, esta abordagem reduziu o tempo médio de processamento dos navios em 15%, demonstrando o impacto positivo da digitalização na eficiência operacional.

A digitalização também contribui para uma gestão mais sustentável dos recursos. O Porto de Roterdão utiliza modelos de análise preditiva para otimizar a utilização das infra-estruturas, reduzindo assim os custos energéticos e as emissões de CO2.

2. Automatização e drones

A automatização das infra-estruturas portuárias, nomeadamente através da utilização de robôs e veículos autónomos, melhora consideravelmente a precisão e a rapidez das operações. A automatização aplica-se não só à movimentação de contentores, mas também aos processos de controlo e segurança. Portos como o de Singapura introduziram robôs para gerir a carga e a descarga de contentores, reduzindo a dependência do trabalho humano e aumentando a capacidade de movimentação.

Entretanto, os drones estão a desempenhar um papel cada vez mais importante na vigilância e inspeção das instalações portuárias. Utilizados para inspecionar infra-estruturas, monitorizar fluxos e até ajudar nas operações de segurança, os drones estão a poupar dinheiro e a aumentar a segurança. No Porto de Los Angeles, os drones são utilizados para monitorizar os movimentos de carga em tempo real e detetar qualquer atividade suspeita. Isto reduz os custos de segurança e melhora a capacidade de resposta da equipa.

Por último, a utilização de veículos autónomos para o transporte interno de mercadorias, como os camiões autónomos no porto de Xangai, demonstra o potencial destas tecnologias para reduzir os tempos e os custos logísticos. Esta automatização permite igualmente minimizar o risco de acidentes e manter um ritmo de trabalho elevado, mesmo durante os períodos de ponta.

Em suma, os desenvolvimentos tecnológicos nos portos oferecem oportunidades sem precedentes de otimização, tornando as operações mais eficientes e respondendo às necessidades crescentes de segurança e sustentabilidade. A adoção destas tecnologias exige, contudo, investimentos significativos e a adaptação das infra-estruturas, mas os benefícios para o sector portuário no seu conjunto justificam esses esforços.

Conclusão geral

Na presente conclusão, resumimos as principais questões relacionadas com a gestão da sobrecapacidade e da subactividade portuárias, salientando a importância de uma gestão equilibrada e proactiva das infra-estruturas portuárias. Este capítulo final tem também por objetivo apresentar recomendações concretas para orientar os decisores e os investidores para soluções sustentáveis.

1. Resumo das questões

A sobrecapacidade e a subactividade dos portos colocam grandes desafios económicos, logísticos e ambientais, ilustrando a complexidade do equilíbrio necessário entre a oferta de infra-estruturas e a procura efectiva de serviços portuários. A sobrecapacidade gera custos de manutenção elevados e reduz a rentabilidade das instalações subutilizadas, ao passo que a subactividade tem um impacto negativo na competitividade dos portos e trava as economias locais. Estes dois aspectos mostram que decisões de investimento precipitadas, frequentemente motivadas pela concorrência regional ou por uma má antecipação da procura, podem ter repercussões significativas a longo prazo.

Para responder a estes desafios, é essencial uma gestão estratégica baseada em previsões exactas, parcerias de colaboração e adaptação às novas tendências comerciais. Iniciativas como a digitalização, a automatização e a implementação de práticas sustentáveis podem desempenhar um papel central na otimização da utilização das infra-estruturas portuárias.

2. Apelo à ação

Perante estes desafios, é crucial que os governos, os gestores portuários e os investidores adoptem uma visão de longo prazo, baseada em dados concretos e análises aprofundadas das necessidades e tendências globais. As principais recomendações incluem:

- **Planeamento adaptado e flexível**: O planeamento em função da evolução dos fluxos comerciais e das necessidades regionais pode evitar erros de antecipação e limitar a construção de infra-estruturas não rentáveis.

- **Promoção das parcerias público-privadas** : A colaboração entre agentes públicos e privados pode favorecer uma utilização óptima dos recursos e partilhar os riscos associados aos investimentos.

- **Integração das inovações tecnológicas** : A adoção de tecnologias avançadas, como os sistemas de gestão digital e a automatização, pode reduzir os custos operacionais, aumentar a eficiência dos fluxos e melhorar a competitividade dos portos.

Por último, recomenda-se o desenvolvimento de políticas públicas que incentivem a sustentabilidade, através de incentivos fiscais e de regulamentação que visem uma gestão responsável dos recursos portuários. Ao aplicar estas estratégias, os decisores podem antecipar melhor as necessidades flutuantes e reforçar a resiliência das infra-estruturas portuárias face aos desafios futuros.

Conteúdo

**Introdução

- Introdução ao tema**: Este capítulo introduz o contexto do aumento das infra-estruturas portuárias em todo o mundo e o papel crucial desempenhado pelos portos na economia global e regional, enquanto centros nevrálgicos do comércio internacional.

- Objectivos do livro** : Os principais objectivos são desvendar as questões relacionadas com a sobrecapacidade e a subactividade dos portos e propor soluções sustentáveis para uma gestão eficiente das infra-estruturas.

- Metodologia**: A abordagem analítica integra estudos de casos e dados globais para apoiar as tendências e análises propostas.

Parte I: Antecedentes e importância dos portos

Capítulo 1: Papel estratégico no comércio internacional (em francês)

- Explica o papel essencial desempenhado pelos portos na cadeia logística global, enquanto centros de distribuição e transbordo que são fundamentais para o bom fluxo do comércio internacional.

Capítulo 2: Impacto económico nas regiões circundantes (em francês)

- Analisa o impacto económico dos portos no emprego e no investimento locais, bem como as repercussões diretas e indirectas da sua atividade nas economias regionais.

Parte II: Definição de conceitos

Capítulo 3: Excesso de capacidade (em francês)

- Define a sobrecapacidade como um excesso de infra-estruturas em relação à procura efectiva, especificando os tipos de sobrecapacidade, em especial as instalações não rentáveis.

**Capítulo 4: Sub-atividade

- Apresenta a subactividade como uma utilização reduzida das infra-estruturas portuárias, explorando as suas causas e consequências para a rentabilidade.

Parte III: Questões

**Capítulo 5: A questão central

- A questão principal é saber como a sobrecapacidade e a subactividade afectam o desempenho operacional e a rentabilidade dos portos, lançando as bases para as reflexões e análises do livro.

Parte I: Análise da sobrecapacidade portuária

Capítulo 6: Causas do excesso de capacidade (em francês)

- Examina os factores que conduzem à sobrecapacidade, como os investimentos maciços, a corrida à competitividade entre portos e as previsões de procura comercial que nem sempre se concretizam.

Capítulo 7: Consequências do excesso de capacidade (em francês)

- Identifica os elevados custos de manutenção, a redução da rentabilidade e os impactos ambientais associados à sobrecapacidade, com exemplos ilustrativos.

**Capítulo 8: Estudos de caso

- Examina exemplos concretos de portos com excesso de capacidade na Europa, América, África e Ásia, comparando-os com portos que geriram a sua capacidade de forma optimizada.

Parte II: Análise da Sub-Atividade Portuária

**Capítulo 9: Causas da subactividade

- Analisa a forma como a alteração das rotas comerciais, a concorrência e os obstáculos logísticos podem conduzir à subutilização das infra-estruturas portuárias.

**Capítulo 10: Consequências da subactividade

- Explica como a subactividade afecta a competitividade dos portos, conduz à perda de empregos locais e pode levar a encerramentos ou reafectações.

**Capítulo 11: Estudos de caso

- Apresenta estudos de casos de portos afectados pela subactividade, descrevendo as medidas tomadas para revitalizar estas infra-estruturas.

Parte III: Soluções e estratégias de melhoria

Capítulo 12: Otimizar a infraestrutura (em francês)

- Discute formas de reconfigurar as instalações e fazer investimentos específicos para adaptar a capacidade às necessidades reais e reduzir custos desnecessários.

**Capítulo 13: Colaboração e parcerias

- Explorar as sinergias entre os portos regionais e as parcerias público-privadas para otimizar os recursos e desenvolver projectos portuários conjuntos.

**Capítulo 14: Inovação tecnológica

- Analisa os benefícios da digitalização e da automatização na melhoria da eficiência e explica como a utilização de dados ajuda a antecipar as flutuações da procura.

Capítulo 15: Políticas públicas e regulamentação (em francês)

- Destaca o papel dos governos na regulação do sector portuário e nos incentivos fiscais para atrair investimentos para portos subutilizados.

Parte IV: Perspectivas futuras

Capítulo 16: Tendências do comércio internacional (em francês)

- Examina as novas rotas comerciais, como a "Belt and Road", e o seu potencial impacto nos portos, tendo em conta a evolução geopolítica e as cadeias de abastecimento mundiais.

Capítulo 17: Sustentabilidade e ambiente (apenas em francês)

- Explora a importância das práticas ecológicas para os portos, incluindo a redução da pegada de carbono e a adoção de estratégias sustentáveis nas operações portuárias.

Capítulo 18: Evolução tecnológica (em francês)

- Apresenta inovações como a digitalização e a utilização de drones, oferecendo soluções para uma gestão mais eficiente e automatizada das operações portuárias.

Conclusão

Resumo das questões (em francês)

- Resume os desafios da sobrecapacidade e da subactividade, salientando a importância de encontrar um equilíbrio para garantir a eficiência das infra-estruturas portuárias.

**Apelo à ação

- Oferece recomendações concretas aos decisores políticos e investidores, incentivando-os a adotar práticas de gestão portuária que promovam o crescimento sustentável.

Bibliografia e apêndices

- Bibliografia** : Lista exaustiva de livros, artigos académicos, relatórios de organizações internacionais e fontes em linha utilizados para apoiar as análises deste livro.

- Anexos**: Inclui gráficos, mapas e tabelas de dados estatísticos para apoiar visual e pormenorizadamente os estudos de caso e as análises, permitindo aprofundar determinados aspectos técnicos do livro.

Este resumo fornece uma visão estruturada dos principais temas e análises aprofundadas que serão abordados, facilitando a navegação pelas questões e soluções relacionadas com as infra-estruturas portuárias.

Fontes, referências e bibliografia

Este livro baseia-se numa variedade de fontes e referências, fornecendo uma visão abrangente das questões portuárias globais. Os elementos seguintes ilustram a riqueza da documentação mobilizada para apoiar as análises e propostas.

1.**Artigos científicos e publicações académicas** (em francês)
-Estudos sobre gestão e logística portuárias: revistas especializadas como *Journal of Transport Geography*, *Maritime Policy & Management* e *International Journal of Shipping and Transport Logistics*.
-Artigos académicos sobre o impacto económico dos portos nas regiões circundantes.

2 Relatórios e publicações oficiais** (em francês)
-Relatórios da Organização Marítima Internacional (OMI) sobre o desenvolvimento sustentável dos portos.
Documentos do Banco Mundial e da Organização de Cooperação e de Desenvolvimento Económicos (OCDE) infra-estruturas e ao comércio internacional.
-O Fórum Internacional dos Transportes apresenta relatórios sobre as tendências das rotas marítimas e a capacidade dos portos.

3 Trabalhos especializados
-**Rodrigue, J.-P. (2020). *Este livro fornece uma base teórica sólida sobre logística e infra-estruturas de transportes.

- Notteboom, T., & Winkelmans, W. (2009). *Um livro fundamental sobre estratégias de gestão portuária.

- **Brooks, M. R., & Cullinane, K. (2017). *Devolution, Port Governance, and Port Performance*.** Uma análise dos padrões de governação portuária e do seu impacto no desempenho.

4. **Estudos de caso

- Exemplos concretos extraídos da análise de portos como Roterdão, Singapura, Xangai e portos africanos emergentes como Kribi (Camarões).
- Iniciativas de revitalização de portos na Ásia e na América Latina.

5. **Fontes e dados estatísticos

- Base de dados da Conferência das Nações Unidas sobre Comércio e (UNCTAD) para estatísticas do tráfego marítimo.
- Informação da Agência Europeia do Ambiente sobre o impacto ambiental das infra-estruturas portuárias.

6. **Artigos da imprensa e dos meios de comunicação social

- Artigos do *Financial Times* e do *The Economist* sobre o desenvolvimento das rotas comerciais e os investimentos portuários.
- Análises de meios de comunicação especializados no comércio marítimo, como *Lloyd's List* e *Port Technology International*.

7. **Relatórios governamentais e publicações nacionais**.

- Políticas portuárias nacionais e regionais, disponíveis relatórios dos Ministérios dos Transportes de vários países.

- Estudos de casos de publicações da Agência Nacional de Infra-estruturas Portuárias em países como os Camarões e o Quénia.

Esta bibliografia e este conjunto de fontes permitem estruturar um quadro analítico sólido, apoiando cada capítulo em provas empíricas e análises reconhecidas.

Printed by Books on Demand GmbH, Norderstedt / Germany